《工程测量综合实训（第2版）》
记录本

专　　业：_____

班　　级：_____

组　　别：_____

姓　　名：_____

学　　号：_____

实训时间：_____

指导教师：_____

填表说明

1. 记录本与实训教材配套使用，学生人手一册。

2. 记录表可根据实训课时的具体安排选择性填写。详见教材或记录本中对应表头的说明。

3. 为督促学生积极主动参与实训，要求每位学生利用小组观测结果，计算并填写记录表。同时，小组成员要相互校核数据的完整性、准确性。

4. 实训期间，要求每位学生逐日完成当天的实训日记，核对是否按制订的进度计划完成，及时总结实训中出现的问题及解决方法，以提高实训效果。

5. 实训结束后，要求每位学生填写一篇不少于 1 000 字的实训总结。

6. 记录本中所有数据要求用 2H 或 3H 铅笔填写，实训日记与实训总结用黑色中性笔填写。

7. 记录本要求填写整洁，字迹工整。记录表要求记录真实有效，填写完整，数据修改规范，计算与检核齐全。严禁抄袭他组数据，一经发现，实训成绩评定为零分。

8. 观测记录表（例如表 1-1、表 1-2）不得擦改、涂改，只能单线划改；内业计算表（例如表 1-3）不得划改，只能擦改。

9. 实训结束后，每位学生的实训记录本按小组连同装订好的小组成果一并交回，作为成绩评定的依据。

10. 记录表最后附有成绩评定表，实训结束后，由指导教师填写，对学生实训做出成绩评定。

11. 其他未尽事宜由指导教师进行解释。

一、地形图测绘实训记录计算表

表 1-1　水平角观测记录计算表

仪器型号：　　　　　观测日期：　　　　　天气：　　　　　观测：　　　　　记录：

测站	竖盘位置	目标	水平度盘读数 /（°　′　″）	半测回角值 /（°　′　″）	一测回角值 /（°　′　″）	备注

表 1-2 水平距离观测记录计算表

仪器型号：　　　　　　观测日期：　　　　　　天气：　　　　观测：　　　　记录：

边 名		距离 /m	距离平均值 /m	相对误差 K	备 注
起点	终点				

表 1-3　全站仪导线计算表

仪器型号：　　　　　　　観測日期：　　　　　　　天气：　　　　　　　计算：　　　　　　　复核：

点号	角度		坐标方位角 /(°′″)	各导线边长 /m	纵坐标增量（Δx）/m			横坐标增量（Δy）/m			纵坐标 x/m	横坐标 y/m
	观测值 /(°′″)	角度改正值 /(″)	改正后角度值 /(°′″)			计算值	改正数	改正后值	计算值	改正数	改正后值		
Σ													
校核													

3

表1-4 以坐标为观测量的导线测量记录计算表（选做）

仪器型号： 观测日期： 天气： 观测： 记录： 计算：

点号	坐标观测值/m			边长/m	坐标改正值/mm			坐标平差值/m			点号
	x'	y'	H'		v_x	v_y	v_H	x	y	H	
Σ											
辅助计算											

表 1-5 水准测量记录计算表（双仪高法）

仪器型号：　　　　　　观测日期：　　　　　　天气：　　　　　　观测：　　　　　　记录：

测点	后视读数 /m	前视读数 /m	高差 /m		平均高差 /m		备注
			+	−	+	−	
校核							

表 1-6 四等水准测量记录计算表（选做）

仪器型号：　　　　　观测日期：　　　　　天气：　　　　　观测：　　　　　记录：

测站编号	后尺	上丝	前尺	上丝	方向及尺号	标尺读数 /m		K+ 黑－红 /mm	高差中数 /m	备注
		下丝		下丝		黑面	红面			
	后视距		前视距							
	视距差 d/m		∑ d/m							
	（1）		（5）		后 K_1	（3）	（4）	（13）		
	（2）		（6）		前 K_2	（7）	（8）	（14）	（18）	
	（9）		（10）		后－前	（15）	（16）	（17）		
	（11）		（12）							
									K_1=4.787 m
										K_2=4.687 m

校核	

表 1-7　水准测量成果计算表

仪器型号:　　　　　　观测日期:　　　　　　天气:　　　　　　观测:　　　　　　记录:

点号	距离 /m	测段高差 /m	改正数 /mm	改正后高差 /m	高程 /m	备注
Σ						
辅助 计算						

表 1-8 坐标转换信息表（选做）

仪器型号：　　　　　　观测日期：　　　　　　天气：　　　　　观测：　　　　记录：

<table>
<tr>
<td rowspan="2">建立
坐标
系统</td>
<td colspan="3">参考椭球长半轴 /m</td>
<td colspan="4">参考椭球扁率</td>
</tr>
<tr>
<td colspan="3">投影中央子午线 /（°）</td>
<td colspan="4">投影坐标轴东移 /m</td>
</tr>
<tr>
<td rowspan="7">坐标
转换</td>
<td rowspan="2">点名</td>
<td colspan="3">控制点的地方坐标系</td>
<td rowspan="2">点名</td>
<td colspan="3">控制点的 WGS-84 坐标系</td>
</tr>
<tr>
<td>X</td>
<td>Y</td>
<td>H</td>
<td>X</td>
<td>Y</td>
<td>H</td>
</tr>
<tr><td></td><td></td><td></td><td></td><td></td><td></td><td></td></tr>
<tr><td></td><td></td><td></td><td></td><td></td><td></td><td></td></tr>
<tr><td></td><td></td><td></td><td></td><td></td><td></td><td></td></tr>
<tr><td></td><td></td><td></td><td></td><td></td><td></td><td></td></tr>
<tr><td></td><td></td><td></td><td></td><td></td><td></td><td></td></tr>
<tr>
<td rowspan="6">坐标
转换
检核</td>
<td colspan="7">坐标转换残差</td>
</tr>
<tr>
<td colspan="2">水平残差</td>
<td colspan="2">小于 2 cm</td>
<td>垂直残差</td>
<td colspan="2">小于 2 cm</td>
</tr>
<tr>
<td colspan="7">当前坐标系统参数</td>
</tr>
<tr>
<td colspan="2">旋转角</td>
<td colspan="2">小于 3°</td>
<td>比例因子</td>
<td colspan="2">接近 1</td>
</tr>
<tr>
<td colspan="2">坐标转换参数
求取方式</td>
<td colspan="5">□已知控制点的 WGS-84 坐标和对应的地方坐标
□仅有控制点的地方坐标　□没有控制点的坐标</td>
</tr>
<tr>
<td colspan="2">坐标重置</td>
<td colspan="5">□否
□是坐标重置的控制点名：＿＿＿＿＿＿，测量时间为＿＿＿＿＿s。</td>
</tr>
<tr>
<td rowspan="4">控制点
实测
检核</td>
<td>点名</td>
<td colspan="2">ΔX/m</td>
<td colspan="2">ΔY/m</td>
<td colspan="2">ΔH/m</td>
</tr>
<tr>
<td>点名</td>
<td colspan="2">ΔX/m</td>
<td colspan="2">ΔY/m</td>
<td colspan="2">ΔH/m</td>
</tr>
<tr>
<td>点名</td>
<td colspan="2">ΔX/m</td>
<td colspan="2">ΔY/m</td>
<td colspan="2">ΔH/m</td>
</tr>
<tr>
<td>点名</td>
<td colspan="2">ΔX/m</td>
<td colspan="2">ΔY/m</td>
<td colspan="2">ΔH/m</td>
</tr>
</table>

表 1-9 RTK 图根控制点记录表（选做）

仪器型号：　　　　　　观测日期：　　　　　　天气：　　　　　　观测：　　　　　　记录：

点号	坐标 /m		高程 *H* /m	仪器高 /m	备注
	x	*y*			
平均值					
平均值					
平均值					
平均值					
平均值					
平均值					
平均值					

表 1-10 全站仪支导线测量记录表（根据需要填写）

仪器型号：　　　　　　观测日期：　　　　　　天气：　　　　　　观测：　　　　　　记录：

| \multicolumn{8}{c}{水平角观测记录} |
测站	盘位	目标	水平度盘度数 /（°　′　″）	半测回角值 /（°　′　″）	一测回角值 /（°　′　″）	左、右角平均值 /（°　′　″）

导线边长观测记录

导线边	往返观测	水平距离 /m	平均值 /m	丈量精度

支导线坐标计算表

点号	转折角（左） /（°　′　″）	方位角 /（°　′　″）	边长 /m	坐标增量 /m Δx	坐标增量 /m Δy	坐标 /m x	坐标 /m y
计算草图							

表 1-11-1　全站仪（或 RTK）碎部测量记录表（1）

仪器型号：　　　观测日期：　　　　天气：　　　　观测：　　　　记录：

测站点：　　　测站点坐标：　　　仪器高：　　　后视点：　　　后视方位角（或后视坐标）：

点号	坐标 /m		高程 H /m	棱镜高 /m	备注
	x	y			
					采用 RTK 碎部测量时，自行选择填表内容

表 1-12-1　全站仪（或 RTK）碎部测量草图表（1）

仪器型号：　　　　　观测日期：　　　　　天气：　　　　　观测：　　　　　作图：

	备注

表 1-11-2 全站仪（或 RTK）碎部测量记录表（2）

仪器型号：　　　　观测日期：　　　　　天气：　　　　　观测：　　　　记录：

测站点：　　　　测站点坐标：　　　　仪器高：　　　　后视点：　　　　后视方位角（或后视坐标）：

点号	坐标 /m		高程 H /m	棱镜高 /m	备注
	x	y			
					采用 RTK 碎部测量时，自行选择填表内容

表 1-12-2　全站仪（或 RTK）碎部测量草图表（2）

仪器型号：　　　　　　观测日期：　　　　　　天气：　　　　　观测：　　　　　作图：

	备注

表 1-11-3 全站仪（或 RTK）碎部测量记录表（3）

仪器型号：　　　观测日期：　　　　　天气：　　　　　　观测：　　　　　记录：

测站点：　　　测站点坐标：　　　　仪器高：　　　　后视点：　　　　后视方位角（或后视坐标）：

点号	坐标 /m		高程 H /m	棱镜高 /m	备注
	x	y			
					采用 RTK 碎部测量时，自行选择填表内容

表 1-12-3　全站仪（或 RTK）碎部测量草图表（3）

仪器型号：　　　　　　　观测日期：　　　　　　天气：　　　　　观测：　　　作图：

	备注

表 1-11-4　全站仪（或 RTK）碎部测量记录表（4）

仪器型号：　　　　观测日期：　　　　　天气：　　　　　　观测：　　　　记录：

测站点：　　　测站点坐标：　　　　仪器高：　　　　后视点：　　　　后视方位角（或后视坐标）：

点号	坐标 /m		高程 H /m	棱镜高 /m	备注
	x	y			
					采用 RTK 碎部测量时，自行选择填表内容

表 1-12-4　全站仪（或 RTK）碎部测量草图表（4）

仪器型号：　　　　　　观测日期：　　　　　　天气：　　　　　　观测：　　　　　　作图：

	备注
	备注

表 1-11-5 全站仪（或 RTK）碎部测量记录表（5）

仪器型号：　　　　观测日期：　　　　　　天气：　　　　　观测：　　　　　记录：

测站点：　　　　　测站点坐标：　　　　　仪器高：　　　　后视点：　　　　后视方位角（或后视坐标）：

点号	坐标 /m		高程 H /m	棱镜高 /m	备注
	x	y			
					采用 RTK 碎部测量时，自行选择填表内容

表 1-12-5　全站仪（或 RTK）碎部测量草图表（5）

仪器型号：　　　　　　观测日期：　　　　　　天气：　　　　　　观测：　　　　　　作图：

	备注

表 1-11-6 全站仪（或 RTK）碎部测量记录表（6）

仪器型号： 观测日期： 天气： 观测： 记录：

测站点： 测站点坐标： 仪器高： 后视点： 后视方位角（或后视坐标）：

点号	坐标 /m		高程 H /m	棱镜高 /m	备注
	x	y			
					采用 RTK 碎部测量
					时，自行选择填表内容

表 1-12-6　全站仪（或 RTK）碎部测量草图表（6）

仪器型号：　　　　　　观测日期：　　　　　　天气：　　　　　　观测：　　　　　作图：

	备注

表 1-11-7 全站仪（或 RTK）碎部测量记录表（7）

仪器型号：　　　　观测日期：　　　　　天气：　　　　　观测：　　　　　记录：

测站点：　　　　测站点坐标：　　　　仪器高：　　　　后视点：　　　　后视方位角（或后视坐标）：

点号	坐标 /m		高程 H /m	棱镜高 /m	备注
	x	y			
					采用 RTK 碎部测量时，自行选择填表内容

表 1-12-7　全站仪（或 RTK）碎部测量草图表（7）

仪器型号：　　　　　观测日期：　　　　　天气：　　　　　观测：　　　　　作图：

	备注

表 1-11-8　全站仪（或 RTK）碎部测量记录表（8）

仪器型号：　　　观测日期：　　　　　天气：　　　　　观测：　　　　　记录：

测站点：　　　测站点坐标：　　　　仪器高：　　　　后视点：　　　　后视方位角（或后视坐标）：

点号	坐标 /m		高程 H /m	棱镜高 /m	备注
	x	y			
					采用 RTK 碎部测量时，自行选择填表内容

表 1-12-8　全站仪（或 RTK）碎部测量草图表（8）

仪器型号：　　　　　　观测日期：　　　　　　天气：　　　　　　观测：　　　　　　作图：

	备注

表 1-11-9　全站仪（或 RTK）碎部测量记录表（9）

仪器型号：　　　观测日期：　　　　　天气：　　　　　观测：　　　　记录：

测站点：　　　测站点坐标：　　　仪器高：　　　后视点：　　　后视方位角（或后视坐标）：

点号	坐标 /m		高程 H /m	棱镜高 /m	备注
	x	y			
					采用 RTK 碎部测量时，自行选择填表内容

表 1-12-9　全站仪（或 RTK）碎部测量草图表（9）

仪器型号：　　　　　　观测日期：　　　　　　天气：　　　　　　观测：　　　　　　作图：

	备注

表 1-11-10　全站仪（或 RTK）碎部测量记录表（10）

仪器型号：　　　　观测日期：　　　　　天气：　　　　　　观测：　　　　　记录：

测站点：　　　　测站点坐标：　　　　仪器高：　　　　后视点：　　　　后视方位角（或后视坐标）：

点号	坐标 /m		高程 H /m	棱镜高 /m	备注
	x	y			
					采用 RTK 碎部测量时，自行选择填表内容

表 1-12-10　全站仪（或 RTK）碎部测量草图表（10）

仪器型号：　　　　　观测日期：　　　　　天气：　　　　　观测：　　　　　作图：

	备注

表 1-13　RTK 地形测量信息表

仪器型号：　　　　　观测日期：　　　　　天气：　　　　　观测：　　　　　记录：

建立坐标系统	参考椭球长半轴 /m				参考椭球扁率			
	投影中央子午线 /（°）				投影坐标轴东移 /m			

	点名	控制点的地方坐标系			点名	控制点的 WGS-84 坐标系		
		X	Y	H		X	Y	H
坐标转换								

检核	点名		ΔX/m		ΔY/m		ΔH/m	

数据传输处理	手簿内数据导出文件名_____，数据文件类型为_____。
	数据导入到台式计算机后文件名及扩展名为_____。

二、道路勘测实训记录计算表

表 2-1 坐标转换信息表

仪器型号： 观测日期： 天气： 观测： 记录：

<table>
<tr><td rowspan="2">建立坐标系统</td><td colspan="3">参考椭球长半轴 /m</td><td></td><td colspan="3">参考椭球扁率</td><td></td></tr>
<tr><td colspan="3">投影中央子午线 /（°）</td><td></td><td colspan="3">投影坐标轴东移 /m</td><td></td></tr>
<tr><td rowspan="7">坐标转换</td><td rowspan="2">点名</td><td colspan="3">控制点的地方坐标系</td><td rowspan="2">点名</td><td colspan="3">控制点的 WGS-84 坐标系</td></tr>
<tr><td>X</td><td>Y</td><td>H</td><td>X</td><td>Y</td><td>H</td></tr>
<tr><td></td><td></td><td></td><td></td><td></td><td></td><td></td></tr>
<tr><td></td><td></td><td></td><td></td><td></td><td></td><td></td></tr>
<tr><td></td><td></td><td></td><td></td><td></td><td></td><td></td></tr>
<tr><td></td><td></td><td></td><td></td><td></td><td></td><td></td></tr>
<tr><td></td><td></td><td></td><td></td><td></td><td></td><td></td></tr>
<tr><td rowspan="6">坐标转换检核</td><td colspan="6">坐标转换残差</td></tr>
<tr><td>水平残差</td><td colspan="2">小于 2 cm</td><td colspan="2">垂直残差</td><td>小于 2 cm</td></tr>
<tr><td colspan="6">当前坐标系统参数</td></tr>
<tr><td>旋转角</td><td colspan="2">小于 3°</td><td colspan="2">比例因子</td><td>接近 1</td></tr>
<tr><td>坐标转换参数
求取方式</td><td colspan="5">□已知控制点的 WGS-84 坐标和对应的地方坐标
□仅有控制点的地方坐标
□没有控制点的坐标</td></tr>
<tr><td>坐标重置</td><td colspan="5">□否
□是坐标重置的控制点名：_____，测量时间为_____s。</td></tr>
<tr><td rowspan="4">控制点实测检核</td><td>点名</td><td colspan="2">ΔX/m</td><td colspan="2">ΔY/m</td><td>ΔH/m</td></tr>
<tr><td>点名</td><td colspan="2">ΔX/m</td><td colspan="2">ΔY/m</td><td>ΔH/m</td></tr>
<tr><td>点名</td><td colspan="2">ΔX/m</td><td colspan="2">ΔY/m</td><td>ΔH/m</td></tr>
<tr><td>点名</td><td colspan="2">ΔX/m</td><td colspan="2">ΔY/m</td><td>ΔH/m</td></tr>
</table>

表 2-2 GNSS 测量交点坐标记录表

仪器型号：　　　　　观测日期：　　　　　天气：　　　　　观测：　　　　　记录：

点号	坐标 /m		高程 H /m	仪器高 /m	备注
	x	y			
平均值					
平均值					
平均值					
平均值					
平均值					
平均值					
平均值					

表 2-3　路线项目基本信息及技术指标表

软件名称：　　　　　设计日期：　　　　　天气：　　　　　设计：　　　　　复核：

路线项目基本信息							
项目名称				公路等级			
设计速度				高程设计线的位置			
路幅设计	路幅总数			左路幅		右路幅	
标准横断面	项目	左土路肩	左硬路肩	左行车道	中分带	右行车道	右硬路肩 右土路肩
	宽度 /m						
	横坡 /%						
加宽类别				加宽过渡方式			
加宽值	圆曲线半径 /m						
	全加宽值 /m						
超高旋转轴		土路肩旋转方式	□内侧土路肩超高、外侧土路肩不超高		□内外侧土路肩都不超高		
			□土路肩横坡大于超高坡时土路肩不超高		□内外侧土路肩都超高		
超高横坡度	圆曲线半径 /m						
	全超高横坡度 /%						

平面设计技术指标

圆曲线半径最小值 /m			
缓和曲线长度最小值 /m		平曲线长度最小值 /m	
超高渐变率	最大值：	最小值：	
S 形曲线公切点横坡		□设 0 坡；　　　□标准横坡	

纵断面设计技术指标

最大纵坡 /%		最小纵坡 /%		最小坡长 /m	
陡坡坡长限制值	坡度 /%				
	坡长限制 /m				
合成坡度 /%	最大值	竖曲线半径最小值 /m	一般值	竖曲线长度最小值 /m	一般值
	最小值		极限值		极限值

横断面设计技术指标

填方边坡		挖方边坡	
边沟尺寸		截水沟尺寸	
排水沟尺寸		其他说明	

35

表2-4 直线、曲线及转角一览表

交点号	交点坐标/m		交点桩号	转角	R	L_s	曲线要素/m			
	X	Y					T_H	L_H	E_H	D_H
1	2	3	4	5	6	7	8	9	10	11

曲线主点桩号					直线长度及方向			测量断链		备注
ZH	HY	QZ	YH	HZ	直线长度/m	交点间距/m	方位角	桩号	增减长度/m	
12	13	14	15	16	17	18	19	20	21	22

计算： 复核：

36

表 2-5-1 逐桩坐标表（1）

日期：　　　　　　　　　　　计算：　　　　　　　　　　　复核：

桩号	坐标 /m		桩号	坐标 /m	
	X	Y		X	Y

表 2-5-2　逐桩坐标表（2）

日期：　　　　　　　　　　　计算：　　　　　　　　　　　复核：

交点桩号		交点坐标 /m	X:
			Y:

任一曲线逐桩坐标计算过程：

表 2-5-3　逐桩坐标表（3）

日期：　　　　　　　　　　计算：　　　　　　　　　　复核：

交点桩号		交点坐标 /m	*X*:
			Y:

计算结果核对是否正确： _____

仪器型号:

放样日期: 天气: 观测: 记录:

表 2-6-1 全站仪中桩放样记录表 (1)

置仪点编号及坐标	后视点编号及方位角	测点桩号	测点坐标 /m		测点方位角 / (° ' ")	距离 /m	中桩高程 /m
			X	Y			

表 2-6-2 全站仪中桩放样记录表 (2)

仪器型号：　　　　　　放样日期：　　　　　　天气：　　　　　　观测：　　　　　　记录：

置仪点编号及坐标	后视点编号及方位角	测点桩号	测点坐标 /m		测点方位角 /（°′″）	距离 /m	中桩高程 /m
			X	Y			

表 2-7　切线支距法详细测设平曲线记录计算表

仪器型号：　　　　　放样日期：　　　　　天气：　　　　　计算：　　　　　复核：　　　　　放样：

交点号			交点桩号	

<table>
<tr><td rowspan="2">曲线
要素</td><td colspan="5">$\alpha =$　　　　$R =$　　　　$L_s =$　　　　$x_0 =$　　　　$y_0 =$
$\delta_0 =$　　　　$p =$　　　　$q =$
$T_H =$　　　　$L_H =$　　　　$E_H =$　　　　$D_H =$</td></tr>
</table>

主点 桩号	ZH:　　　　HY:　　　　QZ:　　　　YH:　　　　HZ:

<table>
<tr><td rowspan="22">各
中
桩
的
测
设
数
据</td><td>测段</td><td>桩号</td><td>曲线长</td><td>x</td><td>y</td><td>备注</td></tr>
<tr><td rowspan="6">ZH～HY</td><td></td><td></td><td></td><td></td><td rowspan="6"></td></tr>
<tr><td></td><td></td><td></td><td></td></tr>
<tr><td></td><td></td><td></td><td></td></tr>
<tr><td></td><td></td><td></td><td></td></tr>
<tr><td></td><td></td><td></td><td></td></tr>
<tr><td></td><td></td><td></td><td></td></tr>
<tr><td rowspan="3">HY～QZ</td><td></td><td></td><td></td><td></td><td rowspan="3"></td></tr>
<tr><td></td><td></td><td></td><td></td></tr>
<tr><td></td><td></td><td></td><td></td></tr>
<tr><td rowspan="3">QZ～YH</td><td></td><td></td><td></td><td></td><td rowspan="3"></td></tr>
<tr><td></td><td></td><td></td><td></td></tr>
<tr><td></td><td></td><td></td><td></td></tr>
<tr><td rowspan="6">YH～HZ</td><td></td><td></td><td></td><td></td><td rowspan="6"></td></tr>
<tr><td></td><td></td><td></td><td></td></tr>
<tr><td></td><td></td><td></td><td></td></tr>
<tr><td></td><td></td><td></td><td></td></tr>
<tr><td></td><td></td><td></td><td></td></tr>
<tr><td></td><td></td><td></td><td></td></tr>
</table>

测设 方法	测设草图	测设方法

表 2-8 偏角法详细测设平曲线记录计算表

仪器型号： 　　放样日期： 　　天气： 　　计算： 　　复核： 　　放样：

交点号				交点桩号		
曲线要素	$\alpha =$　　$R =$　　$L_s =$　　$x_0 =$　　$y_0 =$ $\delta_0 =$　　$p =$　　$q =$ $T_H =$　　$L_H =$　　$E_H =$　　$D_H =$					
主点桩号	ZH:　　HY:　　QZ:　　YH:　　HZ:					

	测段	桩号	曲线长	偏角	水平度盘读数	弦长	备注
各中桩的测设数据	ZH～HY						
	YH～HZ						
	HY～YH						

	测设草图	测设方法
测设方法		

表 2-9 RTK 放样设置表

仪器型号：　　　　　　放样日期：　　　　　　天气：　　　　　观测：　　　　记录：

建立坐标系统	参考椭球长半轴 /m				参考椭球扁率			
	投影中央子午线 /（°）				投影坐标轴东移 /m			
坐标转换	点名	控制点的地方坐标系			点名	控制点的 WGS-84 坐标系		
		X	Y	H		X	Y	H
检核	点名	ΔX/m		ΔY/m		ΔH/m		
放样检核	放样完成后测量该点坐标与设计坐标相比 ΔX/m＿＿＿＿＿，　ΔY/m＿＿＿＿＿。							

表 2-10-1　RTK 中桩放样检核记录表（1）（选填）

仪器型号：　　　　　　放样日期：　　　　　　天气：　　　　　　观测：　　　　　　记录：

测点桩号	放样检核		备注
	ΔX/m	ΔY/m	

表 2-10-2 RTK 中桩放样检核记录表（2）（选填）

仪器型号：　　　　　放样日期：　　　　　天气：　　　　　观测：　　　　　记录：

测点桩号	放样检核		备注
	$\Delta X/m$	$\Delta Y/m$	

表 2-11 水准点记录表（基平）

仪器型号：　　　　　　观测日期：　　　　　　天气：　　　　　　观测：　　　　　　记录：

水准点编号	高程 /m	位置		备注
		路线中心桩号	说明	
1	2	3	4	5

表 2-12　基平水准测量记录计算表（双仪高法）

仪器型号：　　　　　观测日期：　　　　　天气：　　　　　观测：　　　　　记录：

测点	后视读数 /m	前视读数 /m	高差 /m		平均高差 /m		备注
			+	−	+	−	
校核							

表 2-13　水准测量成果计算表

仪器型号：　　　　　　观测日期：　　　　　　天气：　　　　　　观测：　　　　　　记录：

点号	距离 /m	测段高差 /m	改正数 /mm	改正后高差 /m	高程 /m	备注
Σ						
辅助计算						

表 2-14-1　中平测量记录计算表（全线）（1）

仪器型号：　　　　　　　观测日期：　　　　　　　天气：　　　　　　观测：　　　　　记录：

桩号或测点编号	水准尺读数 /m			视线高程 /m	高程 /m	备注（校核）
	后视	中视	前视			

表 2-14-2 中平测量记录计算表（全线）（2）

仪器型号：　　　　　　观测日期：　　　　　　天气：　　　　　　观测：　　　　　　记录：

桩号或测点编号	水准尺读数 /m			视线高程 /m	高程 /m	备注（校核）
	后视	中视	前视			

表 2-15-1 横断面测量记录表（标杆皮尺法）（1）

仪器型号：　　　　　　观测日期：　　　　　　天气：　　　　　观测：　　　　　记录：

左侧	里程桩号	右侧

表 2-15-2　横断面测量记录表（标杆皮尺法）（2）

仪器型号：　　　　　观测日期：　　　　　天气：　　　　　观测：　　　　　记录：

左侧	里程桩号	右侧

表 2-15-3 横断面测量记录表（标杆皮尺法）（3）

仪器型号：　　　　　　观测日期：　　　　　　天气：　　　　　　观测：　　　　　　记录：

左侧	里程桩号	右侧

表 2-16-1 横断面测量记录表（水准仪皮尺法）（1）

仪器型号：　　　　　　观测日期：　　　　　　天气：　　　　　　观测：　　　　　　记录：

中桩		变坡点				备注
桩号	后视读数 /m	与中桩相对位置	距中桩的水平距离 /m	前视读数 /m	与中桩的高差 /m	
		左侧				
		右侧				
		左侧				
		右侧				
		左侧				
		右侧				
		左侧				
		右侧				
		左侧				
		右侧				

表 2-16-2　横断面测量记录表（水准仪皮尺法）（2）

仪器型号：　　　　　　观测日期：　　　　　　天气：　　　　　　观测：　　　　　　记录：

中桩		变坡点				备注
桩号	后视读数 /m	与中桩相对位置	距中桩的水平距离 /m	前视读数 /m	与中桩的高差 /m	
		左侧				
		右侧				
		左侧				
		右侧				
		左侧				
		右侧				
		左侧				
		右侧				
		左侧				
		右侧				

三、实训日记

实训日记（第＿＿＿篇）

日期：   天气：

实训项目	
实训任务	
实训目的	
主要仪器及工具	
实训场地布置草图	
实训主要步骤	
所遇问题及解决办法	

实训日记（第＿＿篇）

实训项目	
实训任务	
实训目的	
主要仪器及工具	
实训场地布置草图	
实训主要步骤	
所遇问题及解决办法	

实训日记（第____篇）

日期：   天气：

实训项目	
实训任务	
实训目的	
主要仪器及工具	
实训场地布置草图	
实训主要步骤	
所遇问题及解决办法	

实训日记（第____篇）

日期：   天气：

实训项目	
实训任务	
实训目的	
主要仪器及工具	
实训场地布置草图	
实训主要步骤	
所遇问题及解决办法	

实训日记（第____篇）

日期：   天气：

实训项目	
实训任务	
实训目的	
主要仪器及工具	
实训场地布置草图	
实训主要步骤	
所遇问题及解决办法	

实训日记（第＿＿篇）

日期：   天气：

实训项目	
实训任务	
实训目的	
主要仪器及工具	
实训场地布置草图	
实训主要步骤	
所遇问题及解决办法	

实训日记（第＿＿＿篇）

日期：   天气：

实训项目	
实训任务	
实训目的	
主要仪器及工具	
实训场地布置草图	
实训主要步骤	
所遇问题及解决办法	

实训日记（第____篇）

实训项目	
实训任务	
实训目的	
主要仪器及工具	
实训场地布置草图	
实训主要步骤	
所遇问题及解决办法	

实训日记（第____篇）

日期：   天气：

实训项目	
实训任务	
实训目的	
主要仪器及 工具	
实训场地布置 草图	
实训主要步骤	
所遇问题及 解决办法	

实训日记（第＿＿篇）

日期：   天气：

实训项目	
实训任务	
实训目的	
主要仪器及工具	
实训场地布置草图	
实训主要步骤	
所遇问题及解决办法	

实训日记（第____篇）

日期：   天气：

实训项目	
实训任务	
实训目的	
主要仪器及工具	
实训场地布置草图	
实训主要步骤	
所遇问题及解决办法	

实训日记（第____篇）

实训项目	
实训任务	
实训目的	
主要仪器及工具	
实训场地布置草图	
实训主要步骤	
所遇问题及解决办法	

实训日记（第____篇）

日期：   天气：

实训项目	
实训任务	
实训目的	
主要仪器及工具	
实训场地布置草图	
实训主要步骤	
所遇问题及解决办法	

实训日记（第＿＿篇）

实训项目	
实训任务	
实训目的	
主要仪器及工具	
实训场地布置草图	
实训主要步骤	
所遇问题及解决办法	

实训日记（第＿＿篇）

日期：   天气：

实训项目	
实训任务	
实训目的	
主要仪器及工具	
实训场地布置草图	
实训主要步骤	
所遇问题及解决办法	

实训日记（第＿＿＿篇）

日期：　　　　　　　　　　　　　　　　　　　　　　　　　　　　天气：

实训项目	
实训任务	
实训目的	
主要仪器及工具	
实训场地布置草图	
实训主要步骤	
所遇问题及解决办法	

实训日记（第____篇）

日期：   天气：

实训项目	
实训任务	
实训目的	
主要仪器及工具	
实训场地布置草图	
实训主要步骤	
所遇问题及解决办法	

实训日记（第____篇）

日期：   天气：

实训项目	
实训任务	
实训目的	
主要仪器及工具	
实训场地布置草图	
实训主要步骤	
所遇问题及解决办法	

实训日记（第＿＿篇）

日期：　　　　　　　　　　　　　　　　　　　　　　　　　天气：

实训项目	
实训任务	
实训目的	
主要仪器及工具	
实训场地布置草图	
实训主要步骤	
所遇问题及解决办法	

实训日记（第____篇）

日期：   天气：

实训项目	
实训任务	
实训目的	
主要仪器及工具	
实训场地布置草图	
实训主要步骤	
所遇问题及解决办法	

四、实训总结

实训总结（1）

班级：　　　　　　姓名：　　　　　　学号：　　　　　　组别：

实训总结（2）

班级：   姓名：   学号：   组别：

五、技能考核表

使用说明：停课 2 周的地形图测绘实训可使用表 1 和表 2；停课 2 周的道路勘测实训可使用表 3 和表 4。连续停课 3 周或 4 周的工程测量综合实训可从表 1、表 3 中任选一个，表 2、表 4 中任选一个分别进行技能考核。

表 1　闭合水准路线测量

项目	内容	精度要求	配分	时间	评 分 表			评分标准
	设定一水准点并标记 BM_1，假定其高程为 100.00 m，设 3～4 个 ZD，构成一个大约 200 m 的闭合水准路线，考生操作水准仪进行测量、记录、计算	$f_{h容}=\pm30\sqrt{L}$	50	15 min	评分标准	扣分	实得分	
					时间			
					精度			
					测量方法			
					计算方法			
					卷面			

仪器型号：　　　　　　　　　　日期：　　　　　　　　　天气：

开始时间：　　　　　　　　　　结束时间：

项目	测点	后视读数 /m	前视读数 /m	高差 /m		高程 /m	评分标准
				+	−		
闭合水准路线测量	BM_1						1. 在规定时间内完成，得 10 分，时间每超 20 s 扣 1 分。
	ZD_1						2. 精度 $\|f_h\| \leqslant \|f_{h容}\|$ 得 20 分；$\|f_h\| > \|f_{h容}\|$ 不得分。
	ZD_2						3. 测量方法与计算方法无误得 10 分；仪器操作不规范的酌情扣 1～3 分；计算结果错误时酌情扣 1～3 分；卷面有修改的扣 2 分，数据结果缺位、缺单位的扣 2 分
	ZD_3						
	BM_1						
	Σ						

计算校核：

成果校核：

表 2　全站仪测闭合导线点坐标

项目	内容	精度要求	配分	时间	评分表			评分标准
全站仪测闭合导线点坐标	在地面上钉设 A、B、C、D 四个导线点，A、D 两导线点的坐标已知，在 A、B、C 点上架设仪器，分别对应测出 B、C、A 的坐标，并计算闭合差	1. 仪器对中误差不大于3mm。 2. 整平误差不大于半格。 3. $K_容$=1/4 000	50	25 min	评分标准	扣分	实得分	1. 在规定时间内完成，得 20 分，时间每超 20 s 扣 1 分。 　　2. 精度 $K \leqslant K_容$ 得 20 分；$K > K_容$ 不得分。 　　3. 测量方法与计算方法无误得 10 分；仪器对中、整平超出要求范围的酌情扣 1～3 分；计算结果错误时酌情扣 1～3 分；卷面有修改的扣 2 分，数据结果缺位、缺单位的扣 2 分
					时间			
					精度			
					测量方法			
					计算方法			
					卷面			

仪器型号：　　　　　　　　　　　　日期：　　　　　　　　　天气：

开始时间：　　　　　　　　　　结束时间 :

导线点	x 坐标 /m	y 坐标 /m	距离 /m	成果校核
D	13 865	16 280		
A	13 800	16 200		
B				
C				
A				
闭合差			$\sum D$=	

80

表 3　支水准路线测量

项目	内容	精度要求	配分	时间	评分表			评分标准

下面详细结构：

项目	内容	精度要求	配分	时间	评分标准	扣分	实得分	评分标准
支水准路线测量	在实地给出 BM$_1$、BM$_2$ 的位置，BM$_1$ 高程为 500.00 m，考生在 BM$_1$、BM$_2$ 之间至少设 1 个 ZD，构成一个大约 200 m 的支水准路线，通过往返测，确定 BM$_2$ 的高程	$f_{h容}$ $=\pm 30\sqrt{L}$	50	15 min	时间			1. 在规定时间内完成，得 10 分，时间每超 20 s 扣 1 分。 2. 精度 $|f_h| \leqslant |f_{h容}|$ 得 20 分；$|f_h| > |f_{h容}|$ 不得分。 3. 测量方法与计算方法无误得 10 分；仪器操作不规范的酌情扣 1～3 分；计算结果错误时酌情扣 1～3 分；卷面有修改的扣 2 分，数据结果缺位、缺单位的扣 2 分
					精度			
					测量方法			
					计算方法			
					卷面			

仪器型号：　　　　　　　　　　日期：　　　　　　　　　天气：
开始时间：　　　　　　　　　结束时间：

测点	后视读数 /m	前视读数 /m	高程 /m	测点	后视读数 /m	前视读数 /m	高程 /m
BM$_1$				BM$_2$			
ZD				ZD			
BM$_2$				BM$_1$			
$\Delta h_{往}=$				$\Delta h_{返}=$			

计算校核：

成果校核：

注：L 按单程计算

表4 全站仪坐标放样

项目	内 容	精度要求	配分	时间	评分表			评分标准
全站仪坐标放样	在地面上钉设A、B两已知坐标的导线点，给定任一坐标点，考生计算测站点到放样点的距离与方位角，并利用全站仪将此点敷设出来	偏位≤2 cm	50	10 min	评分标准	扣分	实得分	1. 在规定时间内完成，得10分，时间每超20 s扣1分。2. 精度符合要求得20分；精度不符合要求不得分。3. 测量方法与计算方法无误得10分；测量方法不规范的酌情扣1～3分；计算结果错误时酌情扣1～3分；卷面有修改的扣2分，数据结果缺位、缺单位的扣2分
					时间			
					精度			
					测量方法			
					计算方法			
					卷面			

仪器型号：　　　　　　　　　　日期：　　　　　　　天气：
开始时间：　　　　　　　　　　结束时间：

导线点	x坐标/m	y坐标/m	放样点	x坐标/m	y坐标/m	距离/m	方位角/(°′″)
A	12 015	14 002	1	12 010	14 008		
B	12 020	14 023	2	12 032	14 007		

计算过程：

放样点	x坐标/m	y坐标/m
3	12 034	14 033
4	12 004	14 035
5	12 006	13 999
6	12 008	14 010

附表：

实训成绩评定表（停课 2 周的地形图测绘实训使用）

姓名		班级		学号		组别	
评分项目	百分比	评分标准					得分
安全考核	10%	参与实训安全培训与考核，且成绩 90 以上					
素质与考勤	10%	遵守记录，能积极主动配合参与实训					
实训记录本	20%	记录格式规范，填写内容完整、正确，能真实反映实训情况					
技能考核成绩	40%	表 1 成绩：		表 2 成绩：		总分：	
小组实训成果	20%	图纸规范、清晰、整洁、完整，小组成果有效					
合计	100%	一					

总评：

指导教师签名：

年　月　日

实训成绩评定表（停课 2 周的道路勘测实训使用）

姓名		班级		学号		组别	
评分项目	百分比	评分标准					得分
安全考核	10%	参与实训安全培训与考核，且成绩 90 以上					
素质与考勤	10%	遵守记录，能积极主动配合参与实训					
实训记录本	20%	记录格式规范，填写内容完整、正确，能真实反映实训情况					
技能考核成绩	40%	表 3 成绩：		表 4 成绩：		总分：	
小组实训成果	20%	设计图纸规范、清晰、整洁、完整，成果有效					
合计	100%	—					

总评：

指导教师签名：

年 月 日

实训成绩评定表（停课 3 周或 4 周的工程测量综合实训使用）

姓名		班级		学号		组别	
评分项目	百分比	评分标准					得分
安全考核	10%	参与实训安全培训与考核，且成绩 90 以上					
素质与考勤	10%	遵守记录，能积极主动配合参与实训					
实训记录本	20%	记录格式规范，填写内容完整、正确，能真实反映实训情况					
技能考核成绩	40%	表 1 成绩：		表 2 成绩：		总分：	
小组实训成果	20%	图纸规范、清晰、整洁、完整，成果有效					
合计	100%	—					

总评：

指导教师签名：
年 月 日